Fenômenos vulcânicos

e a formação das

Cadeias de Montanhas

CHARLES DARWIN

Tradução: Leandro V. Thomaz

São Paulo

2016

Capa: Vulcão Osorno, Chile. (Leandro Vasconcelos Thomaz, 2008).

Título do original: On the Connexion of certain Volcanic Phenomena in South America; and on the Formation of Mountain Chains and Volcanos, as the Effect of the same Power by which Continents are elevated. Transactions of the Geological Society of London (Ser.2) 5 (3):601-631, pl. 49, 3 figs. 1838.

Revisado conforme o Acordo Ortográfico da Língua Portuguesa de 1990, em vigor no Brasil desde janeiro de 2009.

Dados Internacionais de Catalogação na Publicação (CIP)

```
        Darwin, Charles, 1809-1882.
        Sobre   a   conexão   de   certos   fenômenos
   vulcânicos  na  América  do  Sul;  e  sobre  a
   formação de cadeias de montanhas e vulcões, bem
   como  o  efeito  desta  mesma  força  pelo qual os
   continentes são elevados ; tradução Leandro V.
   Thomaz. – São Paulo, SP : Ed. do Autor,
   2016.

        Título original: On the Connexion of certain
   Volcanic Phenomena in South America; and on the
   Formation of Mountain Chains and Volcanos, as
   the  Effect  of  the  same  Power  by  which
   Continents are elevated.
        Bibliografia.

        ISBN:978-85-920177-2-9

        1. Expedição Beagle – (1831-1836) 2.Geologia
   – América do Sul 3. Terremotos 4. Vulcões I.
   Thomaz, Leandro V.. II. Título.

   15-09489                                CDD-551
```

Índices para catálogo sistemático:

1. Geologia 551

Sobre a conexão de certos fenômenos vulcânicos na América do Sul; e sobre a formação das cadeias de montanhas e vulcões,

bem como o efeito desta mesma força pelo qual os continentes são elevados.

CHARLES DARWIN

Charles Darwin, Esq., Sec., G.S., F.R.S.

[Leitura 7 de março de 1838]

Plate XLIX.

Tradução: Leandro V. Thomaz

São Paulo

2016

CHARLES DARWIN

Sumário

CHARLES DARWIN

INTRODUÇÃO

O objetivo do presente memoir é descrever o principal fenômeno geralmente acompanhado de terremotos na costa oeste da América do Sul. E mais especificamente àquele que atingiu a cidade de Concepción na manhã de 20 de fevereiro de 1835. Esse fenômeno evidência, de uma maneira espetacular, a intima conexão entre as forças vulcânicas e de soerguimento. E será tentador deduzir a partir desta conexão, certas inferências em relação à lenta formação das cadeias de montanhas.

OBSERVAÇÃO DO TERREMOTO NO CHILE, EM 20 DE FEVEREIRO DE 1835.

Esse terremoto tem sido alvo de diversos *memoirs* publicados: o sexto volume do *Geographical Journal*[1] contém uma admirável citação do Capt. Fitz Roy, R.N., no qual muitos fatos interessantes estão detalhados, e a elevação de uma grande extensão da costa é incontestavelmente provada. O *Philosophical Transactions* de 1836, também, contém um *memoir* sobre este tópico pelo Sr. Caldcleugh[2]. Devo, portanto, referir-me a estes autores, cujas afirmações, pelo que pude observar, eu posso confirmar plenamente, pela própria

---

[1] "Sketch of the Surveying Voyage of His Majesty's ships Adventure and Beagle." Vol. vi. Part II. p. 311.

[2] Essa é uma versão revisada de Darwin 1838. Esse foi um dos seus artigos geológicos mais importantes no qual ele argumenta para progressiva mudanças de longa duração na geologia da América do Sul devido a causas não-catastróficas, progressivas.

descrição de um terremoto e das mudanças de nível que a acompanharam nas redondezas de Concepción. Vou acrescentar apenas alguns detalhes, e, então, avançar para descrever a maneira pela qual os vulcões do sul do Chile foram afetados pelo tremor.

A ilha de Juan Fernandez, situada a 360 milhas geográficas a N.E. de Concepción, parece ter sido mais violentamente atingida do que a margem oposta do continente, e ao mesmo tempo um vulcão submarino explodiu perto de Bacalao Head, e continuou em atividade durante o dia e parte da noite seguinte. Neste local a profundidade verificada posteriormente era de sessenta e nove braças.

Esse fato possui um interesse peculiar, na medida em que durante o terremoto de 1751, que literalmente destruiu Concepción, esta ilha também foi afetada de maneira notável, considerando a sua distância do local principal do tremor. Se qualquer registro exato fosse mantido desse evento, muitos pontos em comum provavelmente teriam sido descobertos. Há uma tradição, que a terra foi então permanentemente elevada, e a área afetada parece ter sido semelhante com aquela perturbada em fevereiro de 1835. Molina também defende, que a ondulação viajou em direção ao sul; e nesta segunda catástrofe os moradores concordam que este veio de S.W., ou até mesmo mais ao sul. Após um intervalo de apenas 84 anos, não é de todo improvável que as forças subterrâneas tenham se orientado para os mesmos pontos.

Pouco depois de visitar Concepción e com pressa de traçar os efeitos do terremoto em direção ao sul, eu escrevi para o Sr. Douglas, um homem muito inteligente com quem eu tinha familiaridade na ilha de Chiloé; e a reposta que recebi assim que retornei à Inglaterra está completa de informações curiosas.[3]

Ele descreve o terremoto, que parece ter sido sentido em toda a região no mesmo minuto (tanto quanto os relógios podem ser confiados) e sendo muito violento. Ele diz que vinte minutos antes do grande tremor um insignificante foi sentido, uma posição que não vi registrado em nenhum outro lugar. Na época ele estava na ilha de

---

[3] Charles D. Douglas, surveyor and resident of Chiloé. See letter in *Correspondence* vol. 1, p. 575.

Caucahue (uma das muitas ilhotas na costa interior de Chiloé) quando escreveu as seguintes observações em seu livro de bolso: "Sentimos um tremor de terra as onze e meia da tarde, movimento horizontal e lento, semelhante à de um navio no mar antes de uma alta ondulação regular, com três a cinco tremores em um minuto, um pouco mais forte do que o movimento continuo; direção de N.E. para S.W. As árvores da floresta quase tocaram o chão nessas direções, mas nenhuma caiu em nossa região; - bússola de bolso colocada no chão, Norte aponta para o ponto de *Lubber*. Lembrando que esta vibrou durante o violento tremor a dois pontos para oeste e apenas metade de um ponto para leste; ficou em Norte quando o movimento foi menos violento. Quatro minutos depois, um tremor mais violento do que qualquer um dos precedentes, afetando a bússola como antes: outro tremor violento, e então os movimentos tornaram-se gradualmente menos distintos, e oito minutos após o primeiro iniciar, eles cessaram completamente".

Eu citei a declaração do Sr. Douglas em relação à bussola, embora não seja claro como qualquer movimento poderia tê-la forçado a oscilar para um lado mais do que para outro. Presumo, no entanto, se a agulha da bussola não teria sido influenciada pela força magnética, que a teria jogado para dentro da calha da ondulação (se esta expressão pode ser usada), ou seja em uma linha N.W. e S.E., e consequentemente, a repetição desta tendência, atuando contrariamente a atração dos polos, causando as oscilações desiguais, como descrito. Em meu *Journal of Researches*[4], tenho me esforçado para mostrar que o movimento em vórtice, que em diversos terremotos parece ter afetado as rochas em edifícios, possivelmente pode ser explicado pelo mesmo princípio, ou seja, que as rochas são tão afetadas que elas se organizam de acordo com suas formas, na linha de vibração, como a bussola teria feito, se a força magnética não tivesse atuado. O que demonstra que o movimento da superfície foi ondulatório é o fato de que em Concepción as paredes que tiveram suas extremidades dirigidas para o ponto principal de perturbação geral permaneceram erguidas, embora muito fraturadas.

---

[4] Journal of Researches during the Voyage of the Beagle, p. 376.

Enquanto aquelas que se estendem perpendicularmente a estas linhas, foram arremessadas ao chão; no último caso, devemos supor que a parede inteira foi lançada perpendicularmente no mesmo momento que coincidiram com uma ondulação.

O fato mencionado pelo Sr. Douglas sobre as árvores quase tocando o chão pelo efeito do movimento, embora muito extraordinário, tem sido descrito por testemunhas em outras partes do mundo.[5] A circunstância (mesmo supondo que esteja um pouco exagerada) é ainda impressionante, já que em Valdivia, situada na costa entre esta ilha e do centro da perturbação em Concepción, o tremor não produziu tais efeitos. Eu estava sentado em uma madeira grossa lá, durante o terremoto, e as árvores foram apenas um pouco abaladas.

A faixa da Cordilheira oposta a Chiloé, uma pequena ilha com noventa milhas de comprimento, não é tão elevada quanto a região central do Chile, com apenas alguns picos culminantes, que são todos vulcões ativos que excedem 7000 pés de altura. O sr. Douglas me deu um relato detalhado do efeito produzido sobre eles pelo tremor.

O vulcão Osorno estava em estado de atividade moderada há pelo menos quarenta e oito horas; Minchindmadom estava com a mesma atividade leve durante os últimos trinta anos; e o Corcovado ficou quieto durante os doze meses anteriores. "No momento do tremor, o vulcão Osorno lançou uma espessa coluna de fumaça azul escura, e em seguida uma grande cratera foi vista sendo formada no lado S.S.E. da montanha; a lava borbulhou e jogou pedras ardentes em alguma altura, mas a fumaça logo escondeu a montanha. Quando visto de novo alguns dias depois, mostrou pouca fumaça durante o dia, mas de noite a nova cratera, assim como a velha em seu cume truncado, brilhavam com uma luz constante. Este vulcão parece ter permanecido em atividade ao longo do ano. A atividade do Minchinmadom foi similar ao do Osorno: duas colunas brancas de fumaça haviam sido observadas durante toda a manhã; mas durante

---

[5] Este é mencionado por Dolomeu durante o terremoto bem conhecido de Calabrian em 1783. Lyell's Principles of Geology (5th edition), vol. ii. p. 217. Lyell 1837.

o tremor, numerosas chaminés pequenas pareciam presentes dentro da grande cratera, e a lava foi lançada pouco acima da borda de neve inferior. Oito dias depois esta pequena cratera estava extinta; mas a noite cinco pequenas chamas vermelhas eram vistas em uma linha, equidistante uma da outra, como àquelas nas ruas de um vilarejo. Até 1 de março, sua atividade diminuiu; mas no dia 26 houve um pequeno terremoto, e a noite as cinco chamas foram novamente observadas. Uma quinzena depois, os altos de quinze colinas cônicas podiam ser vistos dentro da grande cratera, e a noite nove chamas continuas, dos quais sete estavam em uma linha e dois dispersos".

No momento do grande tremor, o Corcovado não mostrou sinais de atividade, nem foi ouvido em atividade depois que a Cordilheira estava escondida nas nuvens. O Sr. Douglas, no entanto, afirma que, quando aquele vulcão esteve visível uma semana depois, a neve foi vista como tendo sido derretida em torno do N.W. da cratera. Em Yantales, uma alta montanha ao sul de Corcovado, três manchas negras com aparência de crateras foram observadas acima da linha de neve; e o sr. Douglas não recordava de tê-los visto antes do terremoto. Tendo em mente que em muitas ocasiões o derretimento da neve em um vulcão tem sido a primeira evidência de um novo período de atividade, e que, como mostrarei, as erupções do Corcovado e Osorno são as vezes co-instantâneas, acho que não há dúvida de que essas aparições comprovam os efeitos da grande convulsão do dia 20 de fevereiro sentidos por estes, os vulcões mais meridionais da América.

O sr. Douglas defende que na noite de 11 de novembro (dez meses após o colapso de Concepción), ambos os vulcões Osorno e Corcovado explodiram em uma atividade violenta, lançando pedras a uma grande altura, e fazendo muito barulho. Mais tarde soube que Talcahuano, o porto de Concepción, a pouco menos de 400 milhas de distância foi abalado por um terremoto. Esta última afirmação me foi confirmada por um senhor, que na época residia no Chile. Aqui, então, temos uma repetição da mesma ação conectada, que foi exibida de maneira tão espetacular no dia 20 de fevereiro. O sr. Douglas em conclusão acrescenta que no dia 5 de dezembro sua "atenção foi presa pelo maior espetáculo vulcânico que ele já vira, o lado SSE de Osorno havia caído, unindo assim as duas crateras, que pareciam um grande rio de fogo. Enormes quantidades de cinzas e fumaça entraram em erupção durante a quinzena seguinte."

É evidente, portanto, que a cadeia vulcânica de Osorno até Yantales (uma extensão de quase 150 milhas) foi afetada não só no momento do grande tremor de 20 de fevereiro de 1835, mas permaneceu em atividade incomum durantes vários meses subsequentes.

Em 7 de novembro de 1837, dois anos e três quartos após o colapso de Concepción, Valdivia e San Carlos, a capital de Chiloé, foram de novo violentamente estremecidos, ainda mais do que em 1835 ou períodos anteriores, de acordo com M. Gay[6]; este tremor foi suficientemente forte[7] em Talcahuano; e através da evidência do Capitão Coste, publicado em Comptes Rendus[8], que a ilha de Lemus no arquipélago Chonos, 200 milhas a sul de San Carlos, foi levantada mais de oito pés por esse terremoto: descrevendo o estado atual desta ilha, M. Coste diz "Estas rochas, anteriormente cobertas pelo mar, ainda hoje, agora estão descobertas."

Vemos, portanto, que em 1835 ocorreu simultaneamente o terremoto de Chiloé, atividade em um trecho de vulcões vizinhos, a elevação da terra em torno de Concepción e a erupção submarina de Juan Fernández; estes são partes de um mesmo fenômeno. Novamente em 1837 uma grande parte desta região foi violentamente afetada, enquanto em um distrito, 200 milhas ao sul de San Carlos em Chiloé, em vez disso, como em 1835, foi permanentemente soerguido. Devemos acreditar, portanto, que estas duas elevações de terra, embora não simultâneas, sejam efeitos da mesma força motriz intimamente ligados entre si.

---

[6] Comptes Rendus, 1838. Séance Juin 11. Gay 1838.

[7] Voyages of the Adventure and Beagle, vol. ii. p. 418.

[8] Comptes Rendus, October, 1838, p. 706. Vincendon-Dumoulin 1838

Embora o terremoto de fevereiro de 1835 tenha sido tão severo em Chiloé, no entanto em Calbuco, uma vila situada no continente em frente à extremidade norte da ilha, a intensidade foi muito menor e na vizinha Cordilheira (próximo a Millipulli) não foi sentido nada. Alguns homens que haviam sido empregados nas montanhas dividindo tábuas de abeto, quando voltaram à noite para Calbuco e foram informados do tremor, disseram que "no horário mencionado, eles lembraram que não foram capazes de dividir com o machado, e que tinham estragado uma ou duas tábuas, cortando muito fundo". Isto provavelmente não é tão fantástico quanto parece; ao menos mostra que, se houvesse algum movimento, era de um tipo excessivamente suave. É uma circunstância muito interessante descobrir o que as grandes colunas de fumaça, que saiam das altas chaminés dos Andes, aliviavam a terra trêmula, que naquele momento estava convulsionada por todo a terra circundante.

O sr. Caldcleugh[9] declarou em seu *memoir* que vários vulcões na Cordilheira, ao norte de Concepción, estavam em um estado de grande atividade após o terremoto. É espetacular, portanto, que o Villarica (perto de Valdivia), um vulcão que frequentemente está em erupção, mais do que quase qualquer outro em sua faixa, embora situado em uma posição intermediária entre os do Chile central e aqueles na frente de Chiloé, não foi sequer afetado. O dia estava muito claro e, embora não no momento do tremor, mas dentro de duas horas depois, eu observei atentamente seu pico, mas não percebi o menor sinal de atividade. Esta circunstância provavelmente tem uma relação intima com a menor força do terremoto neste distrito intermediário. Em 1837, entretanto, este sofreu da mesma forma que Chiloé. Embora o Villarica não tenha entrado em atividade em 1835, ainda no relato do terremoto de 1822 em Valparaíso, diz-se, "no momento em que o tremor foi sentido, dois vulcões nas vizinhanças de Valdivia (onde o terremoto foi bastante agressivo) estouraram de repente com grande barulho, iluminaram os céus e a região

---

[9] Phil. Transact. 1836. Eu também fui informado por uma pessoa inteligente, que ele tinha visto, a partir da planície perto de Talca, um vulcão na Cordilheira em grande atividade na noite subseqüente ao terremoto. Caldcleugh 1836.

circundante por alguns segundos, e de repente voltaram ao seu estado de repouso[10]. "As chaminés no Chile central, mais próximos ao principal centro do tremor, não foram afetados na época do terremoto; mas de acordo com as informações recebidas pelo Dr. Gillies[11] em 1836, através de um mineiro que tinha residido muitos anos a beira do vulcão Maypu, suas erupções foram frequentes durante os quatro anos subsequentes. Muitos outros casos estão registrados pelos terremotos que passaram por outros distritos, da mesma forma como vemos a força eruptiva que atuou em relação ao Villarica. Humboldt[12] observa que os moradores dos Andes, em relação ao terreno intermediário, que não é afetado pelo movimento geral, dizem com simplicidade, "que forma uma ponte" (*que hace puente*); e acrescenta, "como se eles pretendessem indicar por esta expressão, que as ondulações foram propagadas numa imensa profundidade sob uma rocha inerte."[13]

---

[10] Journal of Science, Vol. xvii.

[11] The Edinburgh Journal of Natural and Geographical Science, August 1830, p. 317.

[12] Humboldt's Personal Narrative, Vol. iv. p. 21. English Translation.

[13] Outro exemplo de terremotos, afetando violentamente regiões distantes e passando sobre o país intermediário, é mencionado em "True relation of the Earthquake of Lima, 1746." Este diz que (p. 192) o choque era mais violento em Lima e Callao, tornando-se gradualmente menor ao longo da costa, mas que em Guancavelica se sentiam choques excessivos e se ouviram ruídos. O editor acredita, não há outro lugar chamado Guancavelica exceto as famosas minas de mercúrio desse nome, situadas a 155 milhas do S.E. De Lima. MacClelland (*Report on the Coal Mines of India*, p. 43,)[6] menciona alguns casos de lugares intermediários pouco abalados durante grandes terremotos.

SOBRE A IDENTIDADE DA FORÇA QUE ELEVA OS CONTINENTES, A QUAL CAUSA ERUPÇÕES VULCÂNICAS.

Frequentemente aconteceu que durante uma mesma convulsão grandes áreas do globo foram estremecidas e estranhos ruídos propagados para países distantes em centenas de milhas[14]; mas nesses casos, não é possível formular qualquer mecanismo sobre a extensão, qualquer mudança atual ocorreu nas regiões subterrâneas. É diferente, quando ouvimos de Humboldt, que no momento em que o vulcão do Pasto cessou sua erupção de fumaça, a cidade de Riobamba, sessenta léguas ao sul, foi dominada por um terremoto; pois o efeito aqui produzido certamente não pode ser explicado pela mera transmissão de uma vibração [15]

---

[14] Como exemplos do primeiro caso, pode-se aduzir o tremor do solo na costa do Chile ao longo de um espaço de mais de mil milhas; E durante o terremoto de Lisboa em 1755, países a cerca de 3000 milhas de distância foram afectados (veja Michell on Earthquakes: Phil. Trans. 1760.). Com relação ao segundo caso, Humboldt afirma que, durante a erupção em São Vicente, ouviram-se ruídos subterrâneos nas margens do Apure, uma distância de duzentas e dez léguas. (Person. Narr. Vol. iv. p. 27.) Durante a erupção de Cosiguina em 1835, diz-se, que os ruídos foram ouvidos em Jamaica, 660 milhas distante.

[15] Como outros exemplos da mesma espécie, posso mencionar a explosão em 1822 dos vulcões perto de Valdivia, no mesmo momento em que Valparaíso, a cerca de 400 milhas de distância, foi nivelado ao solo. Novamente, em 1746, quando Lima foi derrubado, três vulcões perto de Patas e um perto de Lucanas, os dois lugares sendo 480 milhas distante de se, estouraram durante a mesma noite. (Ulloa's Voyage, Vol. ii. p. 84.) Eu me refiro a esses casos mais particularmente, porque esse distinto filósofo, M. Boussingault (*Bulletin de la Soc. Géolog*. Vol. vi. p. 54.), Tendo ficado muito impressionado com o fato de que os terremotos que foram mais destrutivos para a vida humana não foram

Durante o terremoto de Concepción, em uma extremidade da área afetada, a neve foi derretida em Yantale e as chaminés vizinhas renovaram sua atividade; enquanto em Juan Fernandez, a uma distância não inferior a 720 milhas geográficas de Yantales, uma erupção ocorreu sob o mar; e logo depois os vulções da Cordilheira, a 400 milhas a leste daquela ilha, entraram em atividade, - uma grande extensão deste território, entre esses pontos extremos, são permanentemente soerguidos. Para ter uma ideia justa de escala desse fenômeno, devemos supor, na mesma hora, em que a Europa fosse sacudida entre o mar do Norte e o Mediterrâneo, - um grande trecho da costa da Inglaterra seria permanentemente soerguida, - um alinhamento de vulções na costa do norte da Holanda estouraria adiante em atividade, - uma erupção teria lugar no fundo do mar, perto da extremidade do norte da Irlanda, e as antigas chaminés de Auvergne, Cantal, Mont d'Or e outros, há tanto tempo extintos, cada um enviaria para o céu uma nuvem escura de fumaça. Além disso, como no Chile uma grande parte da mesma área foi dois anos mais tarde violentamente sacudida, ao mesmo tempo em que Lemus foi erguido. Devemos imaginar que, posteriormente na Europa, incluindo a França, a partir do canal da Mancha até as províncias centrais, onde os vulções haviam sido ativados em uma atividade forte e prolongada, foi destruída por um terremoto, e uma ilha no Mediterrâneo foi permanentemente elevada; - então assim teríamos os movimentos que sacudiram a América do Sul em 20 de fevereiro de 1835 e no dia 7 de novembro de 1837, agindo em países com os quais estamos familiarizados.

Ao considerar esses fenômenos, que provam que um movimento atual no material vulcânico subterrâneo ocorre quase no mesmo instante de tempo em lugares muito distantes, **a ideia de água**

---

acompanhados por explosões vulcânicas, penso que generalizou muito esta observação. O terremoto de Concepción em 1835 foi indubitavelmente de extrema violência, ainda que, tenha acontecido durante o dia, e gradualmente, pouco causou mortes (provavelmente em toda a província não mais que 70); No entanto, vimos que ela foi acompanhada por erupções co-instantâneas de vários pontos e muito distantes.

espirrando através de buracos no gelo de uma piscina congelada, quando uma pessoa pisa sobre a superfície, veio irresistivelmente à minha mente. A inferência desta era óbvia, a saber, que a terra no Chile flutuou em um lago de rochas derretidas, cuja área, conhecida a partir dos vários pontos de erupção no dia do terremoto, seria quase o dobro do Mar Negro. Se essa inferência for rejeitada, a única alternativa é que os canais dos vários pontos de erupção sejam unidos em algum ponto profundo, como as artérias do corpo no coração, de onde um impulso pode ser transmitido a partes distantes da superfície, com força quase igual. Mas de acordo com este ponto de vista, se dois alinhamentos de vulcões nos Andes tiverem alguma ligação, o que parece altamente provável a partir da simetria da Cordilheira (e possivelmente uma intima ligação, como será discutido a seguir), então o foco comum, do qual os dois ramos principais são expulsos, deve estar posicionado e uma enorme profundidade. Mas todos os cálculos em relação a profundidade no qual se encontram as rochas derretidas devem ser necessariamente satisfeitos, se é que é possível confiar neles[16.] Estes tendem a provar que a crosta terrestre não tem muito mais, e talvez menos, que vinte milhas de espessura; e se assim for a crosta pode ser bem comparada com uma fina camada de gelo sobre uma piscina gelada.

Estas considerações são, talvez, de pouco peso, mas devemos ter em mente que a elevação de muitas centenas de milhas quadradas do território perto de Concepción faz parte do mesmo fenômeno, com o que se espalha, se assim posso chamá-lo, de material vulcânico através dos orifícios da Cordilheira no momento do choque; e como esta elevação é apenas uma de uma longa série, pelo qual toda a costa do Chile e do Peru foi soerguida várias centenas de pés no período recente, em uma extensão de mais de mil milhas (como eu

---

[16] M. Parrot, no entanto, (Mémoires de l'Acad. Imp. des Sciences de St. Pétersbourg, Tom. i. 1831. Science. Math. Phys. et Naturelles) nega totalmente que os dados são suficientes para formar qualquer julgamento sobre este assunto.. Georg Friedrich von Parrot (1767-1852), Estonian physicist. Parrot 1831.

tentei mostrar em um artigo lido anteriormente na *Geological Society*[17], e espero que depois disso consiga provar mais plenamente), o corpo de material adicionado abaixo deve ter sido enorme. Quando refletimos sobre isso, é óbvio que o termo canal não pode ser aplicado a um meio de comunicação que se estende por baixo de uma grande porção de um continente e do interior do globo até a crosta superficial[18]. Os fatos me parecem indicar claramente algumas mudanças lentas, mas com grandes efeitos, na forma da superfície do fluido sobre o qual a terra repousa.

Do ponto de vista geológico, é de suma importância encontrar três grandes fenômenos: uma explosão submarina, um período de atividade renovada através de muitas chaminés vulcânicas e uma elevação permanente da terra, formando partes de uma mesma atividade e sendo os efeitos de uma grande causa, modificada apenas pelas circunstâncias locais. Quando consideramos que os vulcões do sul estavam em erupção alguns dias antes do terremoto e que um deles, Minchinmadom, raramente esteve dormente nos últimos trinta anos e que todos permaneceram ativos por muitos meses depois, devemos concluir que o impulso dado a eles naquele momento,

---

17 Proceedings Geol. Soc., Vol. ii. p. 446, Jan. 1837

18 Professor Bischoff (Edinburgh New Philosophical Journal, Vol. xxvi. p. 59, 1838.) argumentou ainda que "as imensas massas de lava ejetadas de um único vulcão e a enorme extensão em que as atividades vulcânicas são sentidas ao mesmo tempo, dificilmente deixam espaço para duvidar que todo vulcão ativo está em comunicação imediata com toda o matérial fundido no interior." Como este argumento é incomparavelmente mais forte, se aplicado às rochas plutônicas e vulcânicas, que compõem as grandes massas da Cordilheira! Mas agora que sabemos que as elevações continentais são causadas pelos mesmos impulsos com aqueles que ejetam lava e escória através das bocas de vulcões, o argumento da massa de matéria observável em massas de rocha ejetadas ou interpostas pode ser passado, Já que o assunto aditado abaixo, quando uma região inteira é permanentemente elevado, deve exceder em muito o que compõe uma colina vulcânica ou o eixo de uma cadeia de montanhas; E, portanto, somos tanto mais instados a buscar sua fonte em "toda o matérial fundido no interior do planeta", e não em qualquer receptáculo local.

possuía a mesma natureza que a força que manteve sua atividade durante as muitas épocas necessárias para acumular a matéria vulcânica em grandes cones revestidos e cuja força ainda continua a aumentar a sua altura . Se o terremoto ou o tremor do solo (que, no entanto, estavam distantes desses vulcões em relação a outros lugares), tivesse atuado de outra forma, do que simplesmente quebrado a crosta sobre a lava dentro das crateras, alguns jatos de fumaça seriam emitidos, mas não poderiam ter dado origem a um período prolongado e vigoroso de atividade.

Mas o poder que se manifestou nessa ação renovada, e o qual tendo agido em épocas anteriores, deveu-se evidentemente a formação inteira destes vários vulcões, foi também a causa da elevação permanente da terra; - uma força que atua em perturbações paroxísticas como a de Concepción e em grandes erupções vulcânicas, exatamente da mesma maneira, pois ambos esses fenômenos ocorrem apenas após longos intervalos de repouso, durante os quais o vulcão simplesmente elimina, talvez, alguns espirros de escória, e a terra sobe com um movimento tão lento que não se poderia sentir; portanto, nenhuma teoria sobre a causa dos vulcões que não seja aplicável às elevações continentais pode ser considerada como bem fundamentada. Aqueles que acreditam que os vulcões são causados pela infiltração de água nas bases metálicas da terra ou simplesmente em rochas intensamente aquecidas, devem ser preparados para desistir dessa visão ou para estendê-la[19] para a elevação de vastos continentes como o da América do Sul.

---

19 Os argumentos a favor da teoria, de que o vapor, produzido pela percolação da água em direção ao interior do planeta resfriado, seja o poder motriz da ação vulcânica, tem sido ultimamente posto pelo Prof. Bischoff em seu artigo no Edinburgh Journal (Vol. xxvi. p. 25.). Que esta deve ser uma causa modificadora de grande importância parece altamente provável. Mas que é a principal das elevações continentais, não posso admitir. O fenômeno, como me parece, está em uma escala muito grande para se harmonizar com tal explicação. A elevação de toda a costa oeste da América do Sul, e de toda a sua largura, pelo menos da parte sul dela, pode ser explicada pela força lateral exercida durante o encolhimento geral da crosta terrestre, modificada apenas

SOBRE OS PERÍODOS DE AUMENTO DA AÇÃO VULCÂNICA AFETANDO GRANDES ÁREAS

Humboldt, ao descrever certos fenómenos vulcânicos naquela parte da América do Sul que faz fronteira com as Antilhas, parece considerar que períodos de maior atividade afetam grandes porções da superfície da terra. Ele redigiu as duas tabelas seguintes20, às quais acrescentei uma terceira, contendo os notáveis acontecimentos que ocorreram durante os anos de 1834 e 1835:

1a. TABELA DO FENÔMENO VULCÂNICO

1796. Novembro.	O vulcâo do Pasto começa a emitir fumaça
1797. 4 de fevereiro	Destruição de Riobamba
—— September 27th.	Erupção nas Antilhas (Caribe). Vulcão de Guadalupe.
—— 14 de Dezembro	Destruição de Cumana.

2a. TABELA

1811. Maio.	Ínicio do terremoto na ilha de São Vicente, até o dia 12 de maio.
—— 16 de Dezembro	Início da agitação no Vale do Missipi e Ohio, que se estendeu até 1813.
—— Dezembro	Terremoto de Caracas.
1812. 26 de março	Destruição de Caracas, terremotos, continuaram até 1813.

---

pela formação de vapor sob alta pressão, nas partes onde a água tem percolado para o interior aquecido? Tal explicação certamente é inadmissível.

20 Personal Narrative, Vol. iv. p. 36. Eu alterei algumas das datas nestas tabelas, porque não estavam de acordo com o texto ou com o período bem conhecido dos eventos.

| —— 30 de abril | Erupção do vulcão em São Vicente, e no mesmo dia, ruídos subterrâneos em Caracas e no banco de Apure. |

3a. TABELA

1834. 20 de janeiro	Sabiondoy, lat. 1° 15' N. (próximo a Pasto), terremoto terrível; oito pessoas pereceram; cidade de Santiago engolida.
—— 22 de maio	Santa Martha, lat. 11° 30' N.; dois terçõs da cidade desmoronaram; no decorrer de alguns dias, seis grandes tremores.
—— 7 de setembro	Jamaica,—terremoto violento, cidade não muito danificada
1835. 20 de janeiro	Osorno, lat. 40° 31' S. em erupção
Antes do nascer do sol	Aconcágua, lat. 32° 30' S. em erupção
Durante a manhã	Coseguina, lat. 13° N. em terrível erupção, continuando em atividade durante os dois meses seguintes.
—— 12 de fevereiro	Terremoto no mar, muito forte, fora da costa da Guiana.
—— 20 de fevereiro	Juan Fernandez, lat. 33° 30' S., erupção submarina
11:30 da manhã	Concepcion, (lat. 36° 40' S.), e todas as cidades vizinhas destruídas por um terremoto; A costa permanentemente elevada. Vulcões ao longo de todo o comprimento da Cordilheira do Chile em erupção. Nota: Estes vulcões permaneceram em atividade por alguns meses subsequentemente, e muitos terremotos foram sentidos.
—— 11 de novembro	Concepcion, terremoto severo; Osorno e Corcovado em atividade violenta.
—— 5 de dezembro	Osorno desmoronou após uma grande explosão

Com relação a essas tabelas, deve-se observar que nunca podemos ter certeza de que a conexão de fenômenos vulcânicos em pontos muito distantes seja real. Até que algum evento fortemente marcado ocorra no mesmo momento nesses pontos, sendo o país intermediário igualmente afetado até certo ponto. Nas duas primeiras tabelas, pode-se admitir que a conexão das chaminés vulcânicas das Antilhas (Caribe) e da costa da Venezuela é quase certa[21], a distância não é muito grande, sendo no máximo 400 milhas. Mas quando, por um lado, incluímos Quito, distante da área acima em mais de 1200 milhas, e, por outro, o Vale do Mississippi, o caso é muito mais duvidoso. A coincidência certamente é muito notável, tanto em relação ao início como à cessação da longa série de terremotos que afetaram a Carolina do Sul, a bacia do Mississipi, as Ilhas Leeward e a Venezuela. No entanto, Nova Madrid está a mais de 2000 milhas da última. Só uma repetição dessas coincidências pode determinar até que ponto a atividade aumentada das forças subterrâneas, em pontos tão remotos, é o efeito de alguma lei geral ou de acidente.

Chegamos agora à terceira tabela, com a qual estamos mais particularmente interessados. Já descrevi em detalhes os fenômenos vulcânicos espetaculares que ocorreram, em conexão uns com os outros, na manhã de 20 de fevereiro de 1835, e também no ano seguinte.

No dia 20 de janeiro, um mês antes do terremoto, três erupções, como indicado na tabela, ocorreram quase na mesma hora em pontos distantes da Cordilheira. Perto da meia-noite do dia 19, o cume do Osorno brilhava como uma grande estrela no horizonte; e essa aparência logo se transformou em um magnífico brilho de luz, no meio do qual, com a ajuda de um telescópio, grandes corpos escuros se viam disparar para cima e cair em sucessão sem fim. Quando eu estava em Valparaíso algum tempo depois, Sr. Byerbache, um comerciante residente, informou-me que ao sair do porto uma noite muito tarde foi acordado pelo capitão para ver o vulcão do Aconcágua em atividade. Como este é um evento muito raro eu gravei a data. Algum tempo depois notícias chegaram da América Central dando conta de uma das mais terríveis erupções dos tempos modernos[22]. "No dia 19 de janeiro, depois de vinte e seis anos de repouso, um ligeiro ruído, acompanhado de fumaça, emanou da

---

21 Humboldt's Personal Narrative, vol. ii. p. 226., and vol. iv. p. 36.

22 Caldcleugh on the volcanic eruption of Coseguina. Philosophical Transactions, 1836, p. 27.

montanha de Coseguina. Na manhã seguinte (20), cerca das seis e meia, uma nuvem com tamanho e forma muito incomum foi observada pelos habitantes a subir na direção deste vulcão. " Enorme quantidade de cinzas e pedra-pomes foram então ejetadas, e o ar foi escurecido, o chão convulsionado, durante os três dias seguintes. Quase dois meses depois, o vulcão estava em atividade. O Sr. Caldcleugh observa, que talvez o único caso paralelo no registro é a explosão bem conhecida de Sumbawa em 1815.

Quando eu comparei as datas desses três eventos, fiquei surpreso ao descobrir que eles situaram em menos de seis horas um do outro. Aconcágua está a apenas 480 milhas ao norte de Osorno, mas Coseguina fica a cerca de 2700 milha a norte do Aconcágua. Pode-se perguntar, foram essas três erupções, que emanam pela mesma cadeia de montanhas, conectadas de alguma forma, ou foi mera coincidência? Não podemos ser muito cautelosos em nos protegermos contra a suposição de que os fenômenos estão conectados, porque acontecem em períodos que têm uma determinada relação entre si. Se desejássemos demonstrar que as forças subterrâneas agiram depois de um século, como às vezes se acreditava, poderíamos aduzir o caso de Lima, violentamente abalado por um terremoto no dia 17 de junho de 1578, e novamente no mesmo dia Em 1678; ou as erupções de Coseguina nos anos de 1709 e 1809, que são as duas únicas registradas antes da de 1835. Novamente, poderíamos insistir, por tais motivos, que as convulsões da Guatemala se seguem, no intervalo de um ano, aquelas próximas a Pasto; um distrito nas vizinhanças deste último lugar foi devastado por um violento tremor precisamente um ano antes da explosão de Coseguina; ambos ocorrendo no dia 20 de janeiro. Cosme Bueno imaginou que esta relação realmente existia entre os movimentos subterrâneos na Guatemala e Peru, e este é mais um caso na lista que eu apresentei conforme extraído de Humboldt. Com relação às erupções simultâneas do Aconcágua e do Osorno, há pouca dificuldade em admitir que elas possam ter sido conectadas, porque nesta mesma região, e apenas um mês depois, os vulcões mais afastados foram afetados pelo mesmo impulso. Há, no entanto, esta notável diferença nos dois casos: o último, em 20 de fevereiro, foi um período de alvoroço em todo o Chile, enquanto a erupção simultânea do Aconcágua e Osorno parece ter sido desacompanhada por qualquer movimento geral das regiões subterrâneas. Esta erupção, provavelmente, foi a primeira indicação desses grandes distúrbios vulcânicos que se seguiram exatamente um mês depois; desta forma parece ser geral nos terremotos, que tremores fracos precedem as piores convulsões. Assim, em 1822, no dia 4 de novembro, Copiapó (27 ° 10 'de latitude norte) foi visitada por um tremor severo, que danificou muitas casas; e foi seguido no dia seguinte por um terremoto muito mais violento, que quase destruiu a cidade, e fez considerável destruição em Coquimbo, e lat. 29° 50'[23]. No dia 19 do mesmo mês Valparaíso foi quase destruído. Outros exemplos [24]podem ser apresentados para mostrar que a maioria dos terremotos, embora com aparência súbita, são na verdade partes de uma ação prolongada, como evidenciado tanto pelos eventos que precedem como aqueles que o seguem.

Embora, possivelmente, possamos admitir que as erupções dos vulcões Aconcágua e Osorno, ocorridas no meio da mesma noite, estivessem ligadas entre si e formavam uma parte dos grandes tremores subsequentes, mas o que devemos concluir sobre sua coincidência com Coseguina, tão imensamente distante? O caso é tornado muito mais extraordinário por dois dos três vulcões sendo geralmente quiescentes. Coseguina, de acordo com o Sr. Caldcleugh,

---

23 Journal of Science, Vol. xvii.

24 São conhecidos vários casos distintos em que as fontes e os poços foram afetados, a água tornada turva e alterada em quantidade, anteriormente a terremotos ruins. Isto foi observado em Lisboa em 1755; E na Nova Inglaterra durante dois ou três dias antes de um choque, "as águas de alguns poços foram tornadas turvas e fedia intoleravelmente". (Michell, Philosophical Transactions, 1760, p. 44.) Humboldt e outros notaram, que os poços no bairro do Vesúvio são afetados anteriormente a suas erupções ruins. Esses fatos parecem explicáveis, na idéia de um ligeiro estiramento ou movimento ocorrendo na crosta, antes que sua tensão seja superada, uma fissura formada e, como conseqüência, um terremoto ou erupção causada. Courrejolles, também, observou em suas memórias sobre terremotos (Journal de Phys., Tom. lxiv. p. 106.), Que grandes terremotos são quase sempre precedidos de menores.

explodiu após vinte e seis anos de repouso; e o Aconcágua tão raramente manifesta sinais de atividade, que até tinha sido questionado se alguma parte dessa massa gigantesca, com uma altitude de mais de 23.000 pés, fosse de origem vulcânica. Para ilustrar o caso: se supusermos que Stromboli e Vesúvio estivessem em violenta erupção na mesma hora da noite, pouco se pensaria na coincidência; mas seria de outra forma caso isso acontecesse com o Vesúvio e o Etna; e nossa surpresa seria grandemente amplificada se depois ouvíssemos que o Hekla, depois de 26 anos de repouso, estourara ao mesmo tempo com tremendas explosões. No entanto, se tal coincidência tivesse ocorrido na Europa, uma região sem unidade de personalidade, e os dois pontos não estando a mais de 2000 milhas de distância, é muito duvidoso até que ponto o fenômeno teria sido digno de consideração. Mas o caso é diferente na América, onde os orifícios vulcânicos situam-se em uma grande muralha ou fissura (os Andes pode ser indiferentemente assim chamado) e onde a imensidade de áreas planas no lado oriental, provam com que igualdade maravilhosa que as forças subterrâneas agiram nesta porção do globo. Além disso, quando uma linha de costa com mais de duas mil milhas geográficas de comprimento foi soerguida (como espero depois de provar) dentro de um período tão recente, que, em comparação com as incontáveis idades passadas de que possuímos registros nas obras de natureza, isto pode ser reconhecido como unidade; em tal costa deixa de ser improvável, em qualquer grau excessivo, que os muitos impulsos que juntos produziram o grande efeito, fossem às vezes absolutamente simultâneos.

Há muito se observa que as chaminés vulcânicas em toda a Cordilheira podem ser agrupadas em vários sistemas. Assim, já demonstramos que os vulcões do extremo sul estão ligados aos do Chile Central; E fui informado por um inteligente morador que ele tinha visto o Aconcágua e dois vulcões ao norte dele, em grande atividade juntos: - nós temos assim uma porção dos Andes 780 milhas geográficas em comprimento (aproximadamente a distância entre o sul de Inglaterra ao Vesúvio) formando um sistema conectado. Ulloa[25] defende que quando Lima foi derrubada em 1746,

---

25 Ulloa's Voyage, English Translation, Vol. ii, p. 84.

três vulcões perto de Patas e um perto de Lucanas estouraram adiante; Esses lugares estão a 480 milhas de distância uns dos outros. Além disso, Arequipa, ao sul, foi duas vezes (1582 e 1687) afetada por terremotos severos simultaneamente com Lima. A distância entre Arequipa (onde há um vulcão ativo) e Patas é um pouco mais de 600 milhas; E isso talvez possa formar um segundo sistema.

Humboldt[26] diz: "Parece provável que a parte mais alta da região de Quito e da Cordilheira vizinha, longe de ser um grupo de vulcões distintos, constituam uma única massa inchada, uma enorme parede vulcânica que se estende de norte a sul e cuja crista exibe uma superfície de mais de seiscentas léguas quadradas, Cotapaxi, Tunguragua, Antisana e Pichincha, são colocadas nesta mesma abóbada, sobre este terreno elevado". Ele apresenta depois, a partir do fenômeno já aludido, a cessação da coluna de fumaça no momento em que Riobamba foi destruído, a conexão desses vulcões com os de Pasto e Popayan. Este sistema comum possui um pouco menos de 300 milhas de comprimento. Mais uma vez, ao norte em Guatemala, México e Califórnia, temos três grupos de vulcões, cada sistema com algumas centenas de milhas de distância.

A conexão entre as chaminés vulcânicas em cada sistema separado foi, em alguns lugares, claramente mostrada, e é extremamente provável que assim seja em todos; Mas a relação que os diferentes sistemas possuem entre si é mais duvidoso. Não estou ciente de qualquer fato registrado, semelhante à erupção contemporânea de Osorno e Aconcágua com Coseguina. Não deve, no entanto, ser esquecido que tais acontecimentos possam ter acontecido todos os anos desde a conquista espanhola, sem que a coincidência tenha sido detectada. Exceto pela ocorrência de dois incidentes, eu nunca teria conhecido este caso. Nessa mesma noite, cada orifício vulcânico na Cordilheira poderia ter mostrado sinais transitórios de atividade, e seis meses depois teria sido tão impossível ter descoberto que tal fato tivesse acontecido, da mesma forma como saber se o dia seguinte foi ensolarado ou nublado. Há algumas crateras ativas e quase extintas, no intervalo entre os sistemas chileno e peruano (que é a mais longa de todas, com 900 milhas), mas estão

---

26 Personal Narrative, Vol. iv. p. 29.

situadas em regiões muito pouco povoados e em algumas partes inteiramente desérticas; E quem está ali em tais casos para registrar fenômenos, que, mesmo se vistos, são tidos como de pouca importância?

Voltando à terceira tabela, não tenho a menor dúvida de que os fenômenos vulcânicos que ocorreram na América do Sul anteriormente, bem como nos meses de janeiro e fevereiro de 1835, eram muito mais numerosos do que a proporção média durante um mesmo período de tempo. Esta observação se aplica às duas tabelas transcritas de Humboldt. Ao olhar para as datas destes eventos, deve-se lembrar que cada data representa apenas o momento em que a crosta terrestre cedeu sob a força, que em alguns casos já mostrou sua atividade, e invariavelmente continua a fazê-lo durante um período, muitas vezes de duração considerável. Sob este ponto de vista, os terremotos de Caracas, Nova Madrid, Coseguina e Concepción, podem ser considerados contemporâneos.

A partir destas circunstâncias, estou fortemente inclinado a acreditar que as forças subterrâneas manifestam sua ação sob uma grande porção do continente sul-americano, da mesma forma intermitente que, de acordo com todas as observações, fazem sob vulcões isolados. Isto é, permaneceram por um período adormecido, e então estouraram em muitas regiões com vigor renovado.

NATUREZA DOS TERREMOTOS NA COSTA DA AMÉRICA DO SUL

Considerarei mais particularmente a natureza dos terremotos que ocorrem em intervalos irregulares na costa da América do Sul. Não pode ser difícil traçar sua origem precisa, mas as seguintes considerações me parece levar a uma única conclusão - a saber, que elas são causadas pela influência de rocha liquefeita entre massas de estratos. Ulloa, em suas viagens[27], diz:

"A experiência tem demonstrado suficientemente, especialmente nesta região (América do Sul), pelos muitos vulcões na Cordilheira que passam por ele, que a explosão em chamas de uma nova montanha causa um terremoto violento, de modo a destruir totalmente todas as cidades que alcança, como aconteceu na abertura do vulcão no deserto de Carguagoazo. Este movimento trêmulo, que podemos chamar propriamente de um terremoto, não acontece normalmente em caso de uma segunda erupção, quando uma fenda foi feita antes, ou, pelo menos, o movimento que causa na terra é comparativamente menor."[28]

Embora a explosão de uma nova chaminé vulcânica possa invariavelmente ser acompanhada por um terremoto, o inverso não é verdadeiro; Pois se fosse, em Valparaíso, Concepção, Lima, Caracas e outros lugares, na vizinhança imediata da parte mais violentamente sacudida, sempre teria ocorrido uma erupção o que parece improvável, mesmo supondo que este tenha ocorrido sob o mar. No entanto podemos supor que esses terremotos são devidos a algum fenômeno análogo a erupções vulcânicas. Esta opinião é muito reforçada pelo fato de que os grandes terremotos, como grandes

---

27 Ulloa's Voyage, Vol. ii. p. 85.

28 Michell, Em seu notável artigo sobre terremotos no Philosophical Transactions for 1760, (p. 580,) citou esta mesma passagem em confirmação de sua visão de que "as erupções de vulcões que acontecem ao mesmo tempo com terremotos podem, com mais probabilidade, ser atribuídas a esses terremotos, do que os terremotos às erupções, quando pelo menos os terremotos são de extensão considerável ". O termo terremoto é aqui usado para expressar a causa do tremor do solo. Sir James Hall, em seu célebre livro de memórias sobre "O calor modificado pela compressão" (Edin. Phil. Trans., Vol. vi. p. 166,) Afirma distintamente "que os terremotos que desolam países não vulcânicos externamente, indicam a protrusão de baixo de matérial em fusão líquida, penetrando a massa de rochas"; Mas ele não estende essa visão, que é a mesma que eu mantenho, a qualquer generalização abrangente, ou a restringe a qualquer classe particular de terremotos.

erupções, geralmente reaparecem somente após longos intervalos de repouso, e assim nos levam a crer que a força subterrânea é aliviada por qualquer uma destas formas. Esta é, de fato, a opinião direta dos habitantes de toda a costa oeste da América do Sul, que estão firmemente convencidos de uma relação íntima entre a atividade suprimida dos vulcões nos Andes e os tremores de terra. Vimos também que, quando a ilha de Chiloé foi fortemente abalada, alguns homens que trabalhavam nos flancos da Cordilheira, entre os vulcões de Osorno e Minchinmadom (ambos emitiram colunas escuras de fumaça, como sinais marcantes do novo período de força) desconheciam o grande tremor, que naquele momento fazia vibrar as margens do Pacífico em um espaço de mais de mil milhas.

Há, no entanto, uma diferença, ainda que mais aparente do que real, entre terremotos como o de Concepción, e os mencionados por Ulloa. No primeiro, quase invariavelmente um grande número de tremores acompanhou a primeira grande convulsão[29], pelo menos na costa sul-americana. E estes, assim como os ruídos subterrâneos que o acompanham, procedem do mesmo grupo com o primeiro choque, são, portanto, indubitavelmente devidos à mesma causa, agindo apenas com um pouco menos de intensidade. Assim, mesmo nas primeiras vinte e quatro horas após o terremoto de 1746 em Lima, não menos de 200 choques horríveis (eu uso a linguagem de seu historiador) foram contados. Agora, no outro caso, Ulloa diz que, quando o orifício de erupção é uma vez formado, a terra torna-se quase tranquila; Mas sabemos bem que o vulcão em si quase invariavelmente continua em grande atividade por muitas semanas depois. Se Ulloa, no entanto, estivesse perto da própria cratera, sentiria indubitavelmente aqueles pequenos tremores que acompanhavam cada nova explosão, como descrito por outros que

---

29 Courrejolles, em seu Memoir on Earthquakes, (Journal de Physique, Tom. liv. p. 106,) diz, "Les grands tremblemens de terre sont presque toujours précédés et suivis quelque temps avant et après par de petites secousses." Michell (Philosophical Transactions, 1760, p. 10) deu alguns exemplos de tremores menores sucessivos, que pareciam viajar do mesmo ponto, de onde vieram os anteriores mais violentos..

foram tão localizados. Os tremores, portanto, parecem análogos aos choques secundários; E, sendo assim, os fenômenos nos dois casos são, em todos os aspectos, muito semelhantes. Em uma explosão vulcânica primária, sabemos que a causa é a explosão de matéria líquida e aeriforme, primeiro através de estratos sólidos, e depois através de uma passagem quase aberta; Portanto, somos levados a concluir que a causa do simples terremoto, com seus tremores secundários, são explosões de natureza semelhante, que, no entanto, não abrem uma passagem, mas rasgam sucessivamente porções das massas superpostas.

Em Concepción, onde as ruas correm em duas séries, em ângulo reto umas com as outras, as paredes foram afetadas de acordo com sua direção. Isso foi exemplificado de forma impressionante na catedral, onde os grandes contrafortes, construídos de alvenaria sólida, foram cortados como por um cinzel e lançados ao chão; Enquanto o muro, sob o qual haviam sido construídos um vão, embora muito abalado, estava ereto, pois este tinha a extremidade voltada para o ponto de onde a vibração se movia, mas os contrafortes eram linhas paralelas à ondulação. Quase semelhantes circunstâncias foram observadas em 1822 em Valparaíso. No grande terremoto de Caracas, a direção da vibração foi E.N.E. E W.S.W., e alguma direção definida parece ter sido observada em quase todos os terremotos violentos. Agora, pode-se perguntar se uma vibração, que havia percorrido a terra a partir de uma zona profunda, poderia ser sentida à superfície, como se tivesse vindo de um determinado ponto da bússola, e poderia também determinar a derrubada de paredes de acordo com a sua direção em relação a qualquer ponto? Parece-me claramente que não; Mas para produzir tais efeitos a vibração deve ser transmitida a partir de estratos fragmentados, em um ponto não muito profundo abaixo da superfície da terra.

Terremotos geralmente afetam áreas alongadas. No choque de 1837, na Síria, a vibração foi sentida "em uma linha de 500 milhas de comprimento por 90 de largura[30]. Humboldt[31] observa que os

---

30 Proceedings of Geological Society, p. 540. April 5th, 1837.

31 Personal Narrative, Vol. ii., p. 224.

terremotos seguem a costa da Nova Andaluzia da mesma maneira que fazem o do Peru e do Chile. Assim, em Valparaíso, em 1822, o movimento foi sentido ao longo de 800 milhas da costa do Pacífico; E em Concepción, em 1835, em um comprimento maior do que 1000 milhas; Mas em nenhuma ocasião o choque foi transmitido através da cordilheira a uma distância quase igual. Em 1835, o balanço do solo era tão suave em Mendoza, que um senhor, um dos habitantes (e todos nesses países possuíam um poder quase instintivo de perceber o menor tremor), disse-me que por algum tempo ele confundiu o movimento do chão com uma vertigem em sua cabeça, e que ele avisou a seus amigos que ele iria morrer. Em Concepción, Valparaíso, Lima e Acapulco[32], os moradores acreditam que a perturbação geralmente procede do fundo do mar vizinho; E assim eles explicam o fato inquestionável[33] que as cidades do interior são, em geral, muito menos afetadas do que aquelas próximas à costa. Não parece que a perturbação proceda de um ponto qualquer, mas de muitos pontos em uma banda; Caso contrário, o fato da extensão linear e desigual dos terremotos seria ininteligível. Assim, em 1835, a ilha de Chiloé, o bairro de Concepción, e Juan Fernandez, foram todos violentamente afetados ao mesmo tempo, e mais do que os distritos intermediários. Em países montanhosos, como Nova Andaluzia, Peru e Chile, quando os terremotos seguem as linhas costeiras, pode-se dizer que se estendem paralelamente à cadeia litorânea das montanhas.

A última consideração em que vou entrar, para indicar a causa dos terremotos, é que, na América do Sul, eles são às vezes (ou como

---

32 Em Acapulco, Humboldt diz, que os tremores vieram de três qyadrantes diferentes, o oeste, noroeste e sul. (Polit. Essay on the Kingdom of New Spain; English Translation, Vol. iv. p. 58.)1 Humboldt 1811.

33 Quase todo autor, desde a época de Molina, faz essa observação. Veja Molina's Compendio de la Hist. del Reyno de Chile, Vol. i. p. 32.Molina 1794-5.

acredito, geralmente[34]) acompanhados por elevações da terra; Mas isso, a julgar pelo choque de Lima em 1746, não parece ser um concomitante necessário, pelo menos a uma quantidade perceptível. Poderia pensar, a princípio, que em Concepción, a elevação do solo que acompanhou o primeiro e grande tremor, teria por si só explicado todo o fenômeno do terremoto. O grande tremor, no entanto, durante os poucos dias seguintes, foi seguido por algumas centenas de tremores menores (embora com força insignificante), que pareciam vir da mesma direção do primeiro; Enquanto, por outro lado, o nível do terreno certamente não foi soerguido por eles; mas pelo contrário, após o período de algumas semanas, este ficou mais baixo do que imediatamente após o grande tremor, - uma consequência talvez, do assentamento do chão abalado. Da mesma forma, em 1822, em Valparaíso, a mudança permanente do nível das rochas na costa foi observada na manhã seguinte após o grande tremor; Embora a terra continuasse tremendo em intervalos por muitos dias. Nestes casos de mudança de nível temos, então, uma indicação clara de alguma causa da perturbação, superada por àquela que produziu as vibrações, e que, é altamente provável, acompanharia a simples elevação da costa em massa.

A partir dessas considerações, podemos concluir, de forma razoável, em relação aos terremotos na costa oeste da América do Sul,

1°. Que o choque primário é causado por uma destruição violenta dos estratos, o que parece ocorrer geralmente no fundo do mar vizinho.

2°. Que isto é seguido por muitas fraturas menores, que, embora se estendendo para cima quase à superfície, não (exceto no comparativamente raro caso de uma erupção submarina) consegue alcança-la.

---

34 Minha crença se baseia no fato de que, nas mesmas costas, e no mesmo período, em que um grande número de terremotos são registrados, existem provas de uma elevação da terra; Embora a ascensão não é conhecida para ter sido conectado com todo o terremoto em particular.

3°. Que a área assim fissurada se estende paralela, ou aproximadamente, às montanhas costeiras vizinhas.

4°. Que quando o terremoto é acompanhado por uma elevação da terra em massa, há alguma causa adicional de perturbação.

E, finalmente, que um terremoto, ou melhor, uma ação indicada por ele, alivia a força subterrânea, da mesma forma que uma erupção através de um vulcão qualquer.

Agora, o que constitui o eixo das cadeias de montanha maiores? Não é uma massa linear formada por cunhas de rocha, que qualquer geólogo afirmaria ser uma vez fluido, e desde então resfriado sob pressão? Não deve a intercalação de tal matéria entre massas de estratos aliviado a pressão subterrânea da mesma maneira, como uma erupção de lava e escória através de um orifício vulcânico? O deslocamento efetuado naquela porção da crosta superior da terra, que agora forma uma montanha, não deve ter propagado sobre a região circunvizinha vibrações superficiais, procedentes de um foco não profundamente apontado? E, qualquer que fosse o sentido desses deslocamentos, uma área, alongada na mesma direção, não teria sido afetada pela vibração?

Ao estabelecer este paralelo, afirmo que os terremotos, com seus choques secundários, que são acompanhados por fenômenos que acompanharam o terremoto de Concepción em 1835, são causados pelo desmembramento de grandes massas de estratos e sua intercalação com rochas fundidas; um processo que deve contribuído para um nível de elevação.

Os moradores de Concepción acreditavam que as vibrações procediam do sudoeste, onde também se ouvia frequentemente ruídos subterrâneos. É, portanto, uma circunstância muito interessante que a ilha de Santa Maria, situada a 35 milhas de distância nessa direção, tenha sido encontrada pelo capitão FitzRoy soerguida a quase três vezes a altura em que a costa perto de Concepción foi levantada. Em Tubul, a sudeste de Santa Maria, a terra foi levantada 6 pés; Na extremidade sul da última ilha, 8 pés;

No seu meio, 9 pés; E em sua extremidade norte, acima de 10 pés[35]. Estas medidas, que foram feitas com extremo cuidado pelo capitão Fitzroy, parecem apontar um eixo de elevação no mar fora do extremo norte de Santa Maria.

Há uma observação, que devo apresentar aqui. O movimento da terra, em 20 de fevereiro de 1835, em Valdivia, me apareceu como o de uma crosta, espalhada sobre um líquido ondulante; E em meu *Journal*, eu comparei o movimento à dobra de gelo fino, debaixo de um peso em movimento. Depois, quando fiquei convencido de que a crosta repousa sobre um mar de rocha derretida, minha primeira impressão sobre o movimento foi fortemente confirmada. Michell observou há muito tempo (Phil. Trans., 1760, p.8) que "o movimento da terra em terremotos é em parte tremulado e parcialmente propagado por ondas que sucedem umas às outras, às vezes em distâncias maiores e às vezes menores; Este último movimento é geralmente propagado muito mais do que o primeiro. " Essa distinção, creio, é estritamente verdadeira. O professor Phillips[36] argumenta que as rochas, embora elásticas em suas partes, são "muito imperfeitamente assim em sua massa, devido às numerosas divisões que as cruzam." Composto de tais materiais, ele diz: "a crosta da terra não pode vibrar, e de fato dificilmente poderia, no sentido comum deste termo, o movimento observado é mais semelhante à ondulação de uma lâmina flexível sobre um líquido agitado".

O resultado alcançado por este raciocínio coincide com o meu, extraído da impressão dos meus sentidos; E, em primeiro lugar, parece explicar, de maneira muito satisfatória, a propagação a maiores distâncias das ondulações longas e suaves do que das vibrações, pela transmissão da primeira no fluido subterrâneo e da segunda na crosta da Terra. Com relação, no entanto, à suposta falta de elasticidade na crosta da terra, tomada em massa, não posso concordar com o Professor Phillips. Michell (Phil. Trans., 1760, p. 35) quando apresenta o fato da grande vibração, ou melhor, a

---

35 Geographical Journal, Vol. vi. p. 327.

36 Lardner's Encyclopædia, Geol., Vol. ii. p. 209. Phillips 1837.

oscilação, durante ventanias sob os campanários e até de torres, que se pode dizer que são compostas de um grande número de estratos de diferentes densidades, e que são frequentemente atravessados por fissuras ou falhas, deixa dificilmente qualquer dúvida sobre a mente de que uma vibração semelhante e muito maior poderia ser transmitida a partir das profundezas da terra, onde as partes devem ser pressionadas com força incomparavelmente maior do que em qualquer edifício. Plausível como é a explicação precedente dos dois tipos de movimentos, eu não acredito que seja a correta; Pois se uma ondulação jamais for produzida na extensão do fluido subterrâneo, dificilmente poderemos conceber uma causa mais poderosa do que o levantamento de um grande corpo de rocha derretida e matéria aeriforme do abismo inferior de um vulcão: mas sabemos que erupções em grande escala aconteceram através de antigos respiradouros, mesmo em áreas sujeitas a terremotos muito longos e ondulados, sem que tais movimentos tenham sido produzidos. A partir desta consideração, e do fato de que a força dos terremotos parece ter uma relação definida com a espessura da crosta rompida, como podemos concluir da grande diferença nos efeitos causados por uma erupção através de um velho e um novo orifício vulcânico. Eu não concebo que estamos dispensados de admitir a hipótese de um fluido ondulante. Os dois tipos de movimentos podem, possivelmente, ser explicados, considerando que quando a crosta cede à tensão, causada pela sua elevação gradual, há um recipiente no momento da ruptura, e um maior movimento pode ser produzido pela inclinação das bordas dos estratos e pela passagem da rocha fluida entre eles. Ao quebrar uma longa barra de aço, não seria uma abertura causada pela fratura, bem como uma vibração das duas extremidades quando separados?

O Sr. Hopkins[37], em suas pesquisas sobre Geologia Física, demonstrou que quando uma área alongada é elevada por uma força que atua igualmente por baixo de todas as partes, se os estratos produzem fissuras devem ser formadas paralelamente ao seu eixo maior e outras fissuras menores transversalmente a ela. Sabendo,

---

37 Transactions of the Cambridge Philosophical Society, Vol. vi. Part I.

com certeza, que a costa do Chile, perto de Concepción, foi elevada no dia 20 de fevereiro, e que a área afetada pelo terremoto foi alongada, tendo em mente também que várias dessas elevações ocorreram, conforme atestado tanto historicamente quanto pelas extensas camadas de espécies recentes de conchas, à altitude de uns cem pés, somos absolutamente obrigados a acreditar que a área (sem assumir que os estratos possuíssem extraordinárias forças de extensão) ficasse naquele momento fissurada em linhas, cujo eixo principal era paralelo ao seu eixo mais comprido. Se, no entanto, a força elevatória agisse de modo desigual em partes diferentes, como no caso do Chile, podemos compreender, a partir da admirável generalização do mesmo autor, que poderiam ser formadas fissuras separadas, que produziriam no mesmo instante, em distantes locais, tremores separados, talvez de diferentes intensidades.

Portanto, não é preciso supor que os choques foram sentidos mais fortemente em Juan Fernández, Concepção e Chiloé, do que em pontos intermediários, procediam de um único foco, mas que eram gerados em cada distrito separado - as vibrações provavelmente teriam, em cada caso, diferentes direções[38]. Esta explicação é, penso eu, muito mais satisfatória do que a oferecida por Humboldt, da suposta inércia de uma massa intermediária de rocha, ao transmitir as vibrações superficiais a partir de um foco profundamente assentado.

---

38 Em Concepcion a linha de vibração parece ter sido N.W. E S.E., provenientes de S.W. Em Mocha (uma ilha entre Concepcion e Valdivia), da maneira como a água oscilava no fundo de um barco traçado em terra, a vibração deve ter sido N. e S. provenientes de E. ou W. Para o fatos aludidos, veja Capt. FitzRoy's account of the Voyages of the Adventure and Beagle, volume ii. p. 414.

SOBRE OS DIFERENTES TIPOS DE TERREMOTOS; E AS CONCLUSÕES EM RELAÇÃO ÀQUELAS QUE ACOMPANHAM MOVIMENTOS ELEVATÓRIOS

Eu restrinjo as observações precedentes aos terremotos na costa da América do Sul, ou a semelhantes, que parecem geralmente ter sido acompanhados por elevação da terra. Mas, como sabemos que a subsidência tem acontecido em outras partes do mundo, as fissuras devem ter sido formadas, e, também terremotos. Penso que seria altamente vantajoso para a geologia, se o autor que seguisse os efeitos de uma força elevatória, considerasse aqueles produzidos pela falha auxiliar na superfície arqueada do globo. Os terremotos da Calábria, e talvez da Síria, e de alguns outros países, têm um caráter muito diferente daqueles na costa americana. Quando Molina, o historiador do Chile estava na Itália, ficou muito impressionado com essa diferença; Ele diz[39] que no Chile, mesmo os tremores menores se estendem sobre todo o país, e se propagam horizontalmente, enquanto os que ele sentia em Bolonha eram de pequena extensão, mas instantâneos e comumente explosivos.

Acrescentarei que, nos relatos coletados pelo Sr. Lyell[40] sobre os terremotos da Calábria, de Lisboa e de alguns outros lugares, partes da superfície são descritas como tendo sido absolutamente engolfadas e não vistas mais: mas isso não parece ter ocorrido em qualquer um dos terremotos na costa oeste da América do Sul. Se a matéria fluida, em que supõe a crosta, descansar gradualmente irá afundar em vez de subir, haveria uma tendência para deixar um buraco, e, portanto, uma sucção exercida para baixo; Ou cavidades seriam realmente deixadas, em que as massas sem suporte poderiam ser colididas com

---

39 Compendio de la Historia del Reyno de Chile, Vol. i. p. 36.

40 Principles of Geology, 5th edit. Vol. ii. Book ii. Chap. xiv.

a violência de uma explosão. Tais terremotos, podemos concluir, a partir do que foi mostrado na parte anterior deste artigo, raramente seriam acompanhados por erupções e nunca, provavelmente, por períodos de renovação vulcânica. De acordo com M. Boussingault[41], os terremotos da América do Sul que foram mais destrutivos para a vida humana, ou seja, que foram mais súbitos e violentos, não coincidiram com erupções vulcânicas. Ele apresenta vários exemplos, incluindo os choques sentidos em Caracas em 1812; Mas, de acordo com Humboldt[42], a ligação entre os distúrbios subterrâneos naquele lugar e as aberturas das chaminés vulcânicas do Caribe não pode ser duvidada. A observação de M. Boussingault, de fato, embora talvez seja geralmente verdadeira, deve ser tomada com alguma reserva; Pois se o terremoto de Concepción acontecesse à noite, milhares de pessoas teriam inevitavelmente perecido.

Numa linha de fratura, produzida por afundamento, a distorção e colapso dos estratos provavelmente seria ainda maior do que em uma elevação, a partir da circunstância, que assim que o peso da massa superasse sua coesão, e ela começasse a afundar, não haveria poder de contrapeso, como a gravidade durante a elevação. Não haveria controle de movimento, exceto, de fato, a pressão lateral das massas em conjunto, mas isso só aumentaria a perturbação. Não haveria, neste caso, nenhum eixo de rocha plutônica injetada, ou pelo menos não uma protuberante acima da superfície geral; E assim podemos explicar a perturbação extrema nos estratos de países que são apenas montanhosos, como partes da Grã-Bretanha; E a ocorrência de tais eixos de elevação, como são geralmente chamados, mas que provavelmente, na maioria dos casos, seriam mais apropriadamente chamados de eixos de subsidência.

Se a teoria que eu propus sobre a causa dos terremotos na costa oeste da América do Sul for verdadeira, podemos naturalmente esperar que, pelo mesmo princípio, encontremos provas de formação sucessiva nas muitas cristas paralelas, das quais a Cordilheira é composta. Nas partes do Chile Central que eu examinei, isso é

---

41 Bulletin de la Soc. Geol., Vol. vi. p. 54.

42 Personal Narrative, Vol. ii. p. 226, and Vol. iv. p. 6, English Translation.

verdade, mesmo no que diz respeito às duas linhas principais; Dos quais uma é parcialmente formada por camadas inclinadas de conglomerado, constituídos por seixos derivados das rochas da outra camada. Tenho também provas, mas de um tipo menos satisfatória, de que algumas das linhas exteriores das montanhas são completamente de idade posterior às cristas mais centrais. Além disso, em todas as partes da Cordilheira, existem provas de uma igual elevação em massa a uma grande altitude. Fiquei tão impressionado com este último fato, relacionado com o que eu imaginava ter ocorrido durante o terremoto de Concepción, que cheguei quase a mesma conclusão que o Sr. Hopkins demonstrou por meio de suas pesquisas matemáticas, a saber, que cadeias de montanhas são apenas fenômenos acompanhante e subsidiários das elevações continentais. Se isto for assim, e poucos, depois de ter lido as memórias do Sr. Hopkins, o contestarão; Então, como é certo que as elevações continentais certamente ocorreram em grande escala no período recente, então, como certamente, as massas nas linhas de fratura foram desigualmente soerguidas e rebaixadas, isto é, alguns passos na formação de uma cadeia montanhosa.

Posso aqui perguntar, quando o Sr. Hopkins[43] diz que ele "não pode de modo algum conceber a formação sucessiva de fissuras paralelas, sem hipóteses em relação ao modo de ação da força elevatória, que são infinitamente arbitrárias para ser admitidas por um instante". Ele considerou os efeitos de longos intervalos de descanso, durante os quais a rocha injetada poderia se tornar sólida? Em tal caso a crosta não cederia mais prontamente em qualquer flanco, como creio que deve ter feito na Cordilheira, do que na linha de um eixo composto de rochas solidificadas, como granito ou pórfiro? Uma elevação extremamente lenta da terra, com longos intervalos de repouso, é o único tipo de movimento de que temos algum conhecimento. O lento resfriamento da parte da rocha liquefeita que é impulsionada para as partes superiores da crosta, não pode ser considerada uma suposição arbitrária.

---

43 Abstract of a Memoir on Physical Geology, by W. Hopkins, Esq., M.A., p. 31. Hopkins 1836.

A partir dos fatos apresentados neste trabalho, podemos concluir com segurança que a ação vulcânica, mesmo em grande escala, como nos Andes, é apenas um efeito da força que eleva os continentes, com a lentidão com que a costa sul-americana está sendo soerguida agora. Ao olhar para a história passada do mundo, podemos aprender com o Sr. Lyell[44], que houve erupções vulcânicas em todas as épocas, desde as formações cambrianas até hoje. As erupções antigas parecem ter sido acompanhadas pelas mesmas circunstâncias que as modernas; Não há evidência, como observou o mesmo autor, de que a quantidade de material ejetado, na maioria dos casos antigos, fosse excessiva. Portanto, devemos concluir que as elevações continentais, um dos efeitos da mesma força motriz que mantém o vulcão em ação, tem normalmente permanecido, desde a antiguidade ao mesmo ritmo lento que no presente, e, consequentemente a formação escalonada de cadeias de montanhas, como acima deduzido. Pode-se, dessa forma, questionar se estamos dispensados em admitir a hipótese de uma elevação paroxística de qualquer cadeia montanhosa, sem provas distintas em cada caso particular, que uma série de impulsos, como os que agora agem com frequência nas mesmas linhas, rasgue a crosta da terra e eleve desigualmente partes dele, não poderia ter efetuado os efeitos observados. No entanto, é uma questão subordinada, se existem provas de perturbações paroxística em algumas cadeias de montanhas; O fato importante que me parece comprovado é que há uma força agora em ação e que tem estado em ação com a mesma intensidade média (utilizando as erupções vulcânicas como um índice) desde os períodos mais remotos, não só suficientes para produzir, mas que quase inevitavelmente deve ter produzido, elevação desigual sobre as linhas de fratura.

---

44 Elements of Geology. No capítulo 24 o sr. Lyell coletou informações de erupções vulcânicas em cada uma das grandes épocas da história geológica da Europa. O argumento, que se segue no texto, é o mesmo com o avançado por este autor no livro Principles of Geology, (Book I. Chap. v.) mas o Sr. Lyell o aplica mais particularmente aos terremotos e convulsões, "causados por movimentos subterrâneos, que parecem ser apenas outra natureza de fenômenos vulcânicos".

CONSIDERAÇÕES TEÓRICAS SOBRE A LENTA ELEVAÇÃO DAS CADEIAS DE MONTANHAS

A conclusão de que cadeias de montanhas são formadas por uma longa sucessão de pequenos movimentos pode, como me parece, tornar-se também provável por simples raciocínio teórico. O Sr. Hopkins demonstrou que o primeiro efeito de elevar de forma equitativa uma porção longitudinal da crosta terrestre é formar fissuras paralelas ao eixo maior (com outras transversais a elas, que aqui podem ser negligenciadas) dos tipos representados no diagrama n° 1, repetido do que foi publicado no *Cambridge Philosophical Transactions*.

No. 1.

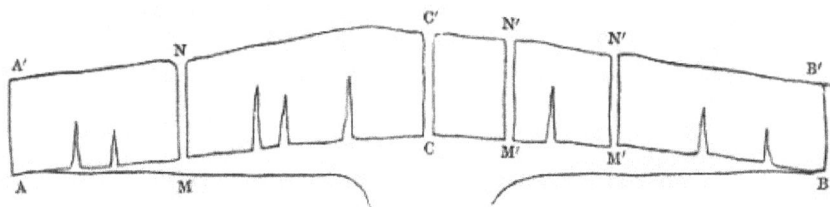

Mas ele mostra ainda que as massas quadradas, agora desarticuladas, irão assumir uma posição tal como a dada no Diagrama No. 2. Isto deve-se pela extrema improbabilidade de que esta força consiga elevar estas massas de forma igual, quando separadas, ou depois de se assentarem.

No. 2.

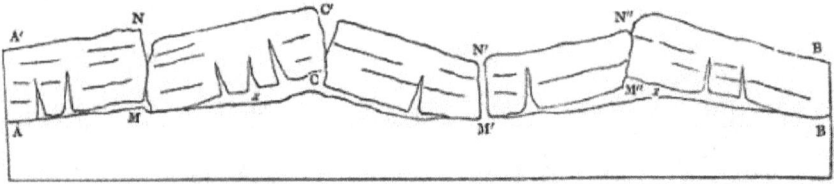

Na Cordilheira, que pode ser tomado como um bom exemplo da estrutura de uma grande cadeia de montanhas, os estratos nas partes centrais são comumente inclinados em um ângulo acima de 45°; E muitas vezes elas são absolutamente verticais. O eixo das linhas de deslocamento é formado por massas sieníticas e porfiríticas, que, pelo número de diques que se ramificam delas, devem ter sido fluidas quando injetadas os estratos inferiores[45]. Se, então, supomos que o Diagrama 2 representa a seção da Cordilheira antes de sua elevação final, posso perguntar, como é possível, que algumas das massas de estratos possam ser colocadas verticalmente e outras absolutamente invertidas pela ação desta massa de rocha fundida, sem que as próprias entranhas da terra jorrassem? Não deveríamos ter um enorme dilúvio de material vulcânico, em vez de massas de rocha cristalina sólida, com formato de cunha? Por outro lado, se supusermos que a cadeia mais alta de montanhas seja formada por uma sucessão de tremores semelhantes aos de Concepción, - alguns mais fortes e muitos mais rápidos, separados entre si por longos

---

45 De acordo com M. Boussingault (Bulletin de la Soc. Geol., Tom. vi. p. 55), este não é o caso na Cordilheira das regiões equatoriais. Ele afirma que o traquito lá forma a base das montanhas, e que foi intrudido em uma forma consolidada. Mas o eixo profundo de uma gigantesca cadeia montanhosa pode ser composto de traquito, uma rocha essencialmente vulcânica? Se pudéssemos penetrar em maiores profundidades, não se pode duvidar que devêssemos encontrar o traquito se formando em alguma rocha plutônica; E pode-se admitir que sua junção com os estratos superincumbentes apresentaria aparências muito diferentes de um traquito; o traquito, de fato, podemos bem imaginar ser a crosta de tais rochas plutônicas resfriadas sob pouca pressão e impulsionadas para a superfície da massa fundida, numa forma sólida.

intervalos de tempo; Então podemos acreditar que a formação de uma fissura seria o efeito de muitos esforços na mesma linha, em toda a espessura da crosta. E que durante os intervalos, a rocha injetada seria resfriada. Quando, portanto, a tensão (que, segundo o Sr. Hopkins, atua primeiro na superfície inferior[46]), causou a ruptura da parte superior, as fissuras encontrariam a extremidade consolidada de um dique (se na mesma linha) em vez da massa fluida abaixo. Nesses casos, no entanto, um vulcão seria formado onde a fissura atravessar de uma só vez toda a crosta, exatamente como o vulcão perto de Juan Fernandez durante o terremoto Concepción. Com o mesmo princípio, depois que as massas de estratos foram gradualmente elevadas à posição representada no Diagrama 2, a rocha sob os eixos anticlinais, foram colocadas em uma linha isotérmica subterrânea anterior distante de sua temperatura original, e assim seria resfriada. Se houver tempo suficiente, esta será consolidada. Desta forma, os estratos em cada nova fratura serão firmemente cimentados pelo resfriamento da rocha injetada, e podem preservar qualquer posição possível, e ainda, a partir de uma crosta gradualmente espessada formada sobre a massa fluida, sob o qual tudo que conhecemos está, a terra seria assim protegida de um dilúvio de lava. Se este raciocínio é consistente, podemos deduzir essa notável conclusão de que em uma cadeia montanhosa, tendo um eixo de rocha plutônica, que foi injetada para cima num estado fluido, onde os estratos demonstram os efeitos da ação mais violenta, embora em uma escala gigantesca, temos a melhor evidência de uma série quase infinita de pequenos movimentos[47].

---

46 Cambridge Philosophical Transactions, Vol. vi. pp. 43-45.

47 Humboldt insistiu no fato de que, em cadeias duplas de montanhas, como formam grandes porções dos Andes, as partes altas de uma linha correspondem às partes inferiores da outra. Tal simetria de estrutura dificilmente é concebível na idéia de montanhas formadas por violência paroxística; Mas se considerarmos toda a extensão como o efeito de uma elevação amplamente estendida, prolongada durante muitas idades, é fácil compreender que, se uma linha for fraca e, consequentemente, sujeitada durante muito tempo à perturbação da força do subterrâneo, é provável que

Vou entrar apenas em uma outra consideração relacionada a este assunto. Por ter em minha mente a espessura proporcional dos estratos, geralmente dados em seções em trabalhos geológicos, fiquei muito surpreso quando cruzei a Cordilheira e encontrei linhas anticlinais altamente inclinadas sucedendo-se a curtas distâncias, onde a rocha que compõe o eixo não era encontrada, a não ser em fragmentos nos vales. Se supusermos que partes dos estratos do Diagrama 2 sejam colocadas verticalmente, a rocha do eixo seria necessariamente exposta em espaços amplos; Mas aqui, creio eu, é a fonte do erro, os geólogos nem sempre consideraram suficientemente a espessura da massa voltada para cima, em relação à distância das linhas anticlinais paralelas uma da outra.

Na Cordilheira, em uma largura de cerca de sessenta milhas, há oito ou mais linhas anticlinais; E assim os centros das calhas e dos cumes estão a cerca de quatro milhas de distância. Agora, se supusermos que a crosta virada para cima tenha apenas quatro milhas de espessura (o que é um pouco mais do que pode ser visto), os estratos, quando colocados verticalmente, ocuparão uma extensão horizontal tão grande como antes de serem perturbados. No Diagrama 3, que espero que possa ser compreendido, é dado apenas para ilustrar este ponto, tomei porções de estratos do mesmo comprimento exato que aqueles no Diagrama 2; Mas tenho aumentado a sua espessura, de modo que ele iguala a distância das linhas anticlinais umas das outras; veremos agora que não só todo o eixo está coberto, mas que as massas não podem ser forçadas em seus antigos limites horizontais.

No. 3.

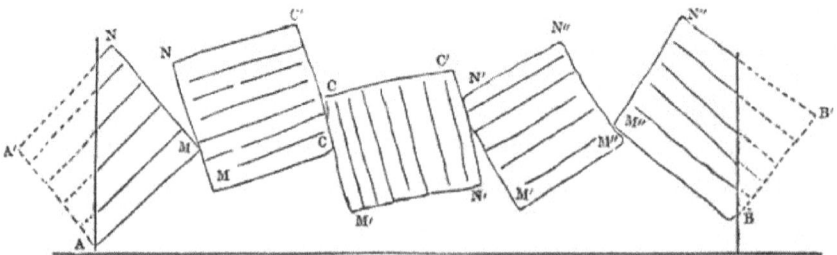

durante a maior parte do tempo esta torne-se paralela.

Entretanto, não permiti que se admitisse a imensa abrasão que, nessas circunstâncias, os ângulos inferiores sofreriam, nem a erosão e arredondamento da superfície. Esse suposto esmagamento de gigantescos fragmentos talvez explique a confusão que deve ser familiar a todo geólogo que tenha examinado qualquer grande cadeia de montanhas[48]. Devo aqui acrescentar que, de acordo com essas opiniões, que creio serem corretas, a parte teórica do argumento anterior, ou seja, a dificuldade de limitar durante qualquer movimento paroxístico a matéria fluida dentro da crosta, está enfraquecida; No entanto, acredito que o princípio é válido, pois, para quebrar e jogar porções de crosta muito espessa, como no Diagrama 3, deve ter havido grande extensão horizontal, e isso, se súbito, teria causado tantos surtos contínuos de material vulcânico, pois agora existem afloramentos de rocha solidificada. Além disso, quando consideramos, em primeiro lugar, que os fragmentos devem ter permanecido um instante separados uns dos outros, e, em segundo lugar, que a força necessária para virar e esmagar essas massas imensas em um esforço, deve ter sido em proporção muito grande. Força maior do que a exigida apenas para a sua elevação.

---

48 Na Cordilheira, o eixo da rocha plutônica é menos exposto na direção principal, do que nas linhas subordinadas; Algumas exceções fortemente marcadas, no entanto, ocorrem. No primeiro, também, os estratos são mais inclinados. Como, de acordo com os pontos de vista aqui defendidos, a formação de uma cadeia de montanhas é devida a inúmeros impulsos, a parte mais elevada deve geralmente ter sentido o maior número de impulsos, e, portanto, sua estratificação seria geralmente mais perturbada. E se uma grande parte da perturbação se deve à força lateral resultante da compressão das grandes porções espessas da crosta terrestre, então as linhas centrais, ou aquelas que têm várias cristas em ambos os lados seriam mais esmagadas. E conseqüentemente os estratos seriam embalados mais pròximos sobre eles. Não consigo compreender nenhum outro princípio, para justificar a circunstância de que o eixo das rochasnão seja visível nas linhas mais altas, mas sim nas linhas secundárias de uma cordilheira, que ocorre com muita freqüência.

Não se pode duvidar, por um momento, que, se a força tivesse agido de repente, essas porções da crosta terrestre teriam sido completamente arrancadas, como fragmentos de rocha por pólvora; Mas isso não aconteceu, e, portanto, a força não agiu de repente[49].

Se admitimos que o terremoto de Concepción, no dia 20 de fevereiro, marcou um passo na elevação de uma cadeia de montanhas; Então, como durante os doze dias seguintes, foram contados mais de trezentos choques, que procediam do mesmo quarteirão com o grande choque, de modo que a pedra fluida deve ter sido bombeada para o eixo por tantos cursos separados. Também o processo não cessou por muitos meses subsequentes[50]. Nas cordilheiras centrais da Cordilheira existem massas de rochas não estratificadas compactas, uma vez mais tão altas como o Etna, e creio, a partir do raciocínio acima, que elas foram formadas por passos quase tão lentos como os indicados pelas inúmeras camadas de material vulcânico acumulado nos flancos da montanha siciliana. No vulcão, isto é, uma montanha que foi rompida em seu estado incipiente, a pedra fluida que está sendo trazida à superfície é rapidamente resfriada, e consequentemente as camadas sucessivas são dadas forma; Mas no eixo de formação plutônica (ou vulcão subterrâneo, se assim se pode chamar), a matéria injetada, não sendo rapidamente resfriada, é misturada em uma enorme pilha cônica. Toda esta visão nada mais é do que uma aplicação da doutrina de

---

49 Mr. Hopkins argumenta, (Abstract of a Memoir on Physical Geology, p. 15,) Que se a força elevatória tivesse o caráter de uma ação impulsiva, ela "produziria os fenômenos mais irregulares e que não estariam totalmente sujeitos à esfera de cálculo." Excluo, portanto, a hipótese deste tipo de ação, não como envolvendo em si qualquer improbabilidade manifestada, mas como inconsistente com a existência de distintas aproximações às leis gerais nos fenômenos resultantes ". Em outras partes, o autor mostra que tais aproximações existem na natureza.—Veja também Phil. Mag. 1836, Vol. viii. p. 234. Hopkins 1836.1 Hopkins 1836.

50 Em um extrato de uma carta, datada de 6 de maior, em Concepción, ou seja, setenta e seis dias após o grande terremoto, há esta passagem: - "É só desde alguns dias que um dia passou sem tremor e até mesmo ontem tivemos um. "

Hutton[51] da repetição de pequenas causas para produzir grandes efeitos; E que o senhor Lyell já se referiu claramente a este assunto em particular.

A ação da força elevatória, como conhecida pelas camadas de conchas litorâneas, linhas sucessivas de erosão aquosa em penhascos de rocha sólida e terraços que se erguem um sobre o outro, parece ter sido prolongada em todos os lugares, ainda que intermitentemente: no vulcão, a estrutura da montanha, assim como toda a história, revela o mesmo fato em relação à força eruptiva. Durante o terremoto de Concepción, vimos que essas forças, tão análogas em sua ação, eram absolutamente partes de um fenômeno comum. Tendo em vista a demonstração do Sr. Hopkins, se houver elevação considerável, deve haver fissuras, e, se existem fissuras, quase certamente uma desigual turbulência, ou subsequente afundamento, o argumento pode ser finalmente assim posto: - cadeias de montanhas são os efeitos de elevações continentais; As elevações continentais e a força eruptiva dos vulcões são devidas a uma grande força motriz, agora em ação progressiva; Portanto, a formação de cadeias de montanhas está igualmente em andamento, e a uma taxa que pode ser julgada por qualquer um dos fenômenos, porém mais precisamente pelo crescimento dos vulcões.

---

51 James Hutton (1726-1797), filósofo natural e geólogo escocês, que propôs famosamente o que mais tarde seria chamado de visão uniformista da história geológica em sua Theory of the earth (1795).

OBSERVAÇÕES FINAIS

Sob esses pontos de vista, se olharmos para um mapa da América e observarmos a continuidade da grande cadeia dos Andes, e seus menores paralelos, em que a partir da lat. 55° 40' Sul até 60° Norte, uma extensão de pouco menos de 7000 milhas, as forças vulcânicas ou estão agora, ou estiveram recentemente em atividade. Ficaremos profundamente impressionados com a grandeza da única força motriz e também com a simetria do todo, que, resultou na elevação do continente, produziu, como efeitos secundários, cadeias de montanhas e vulcões.

As mesmas razões que me levaram à convicção de que o trecho de vulcões conectados no Chile e a costa recém-erguida, com mais de 800 milhas geográficas de extensão, apoiados sob uma fina lente de material fluido, são aplicáveis com quase igual força às áreas sob os outros alinhamentos de vulcões. Vemos que essas áreas estão conectadas por uma cadeia uniforme de montanhas, que a partir de muitos pontos distantes a rocha fluida é anualmente ejetada. E como há provas de que quase toda a costa ocidental da América do Sul foi elevada dentro de um período geologicamente moderno e que este movimento, pelo menos em algumas partes, se estendeu por todo o continente.

Juntemos também a probabilidade de que durante os períodos de maior ação subterrânea, como os indicados nas tabelas acima, toda a parte ocidental do continente tenha sido quase simultaneamente afetada. Parece-me que há pouco risco em assumir que esta grande porção da crosta terrestre flutue de forma análoga a um mar de rocha derretida. Além disso, quando pensamos no aumento da temperatura dos estratos, à medida que penetramos para baixo em todas as partes do mundo, e da certeza de que cada parte da superfície repousa sobre rochas que já foram liquefeitas. Quando consideramos a multidão de pontos por onde a rocha fluida é emitida anualmente e o número ainda maior de pontos por onde foi emitida durante os últimos períodos geológicos. Inclusive, no que se refere ao resfriamento da rocha nos abismos mais profundos, podemos considerar uma extrema lentidão com que o calor possa escapar de tais profundidades.

Quando refletimos sobre a quantidade e dimensão das áreas, em todas as partes do mundo, algumas certamente são conhecidas por terem soerguido ou afundado durante a era recente, incluindo hoje. Não devemos esquecer da íntima ligação que se tem demonstrado existir entre esses movimentos e da propulsão da rocha liquefeita à superfície do vulcão. Somos assim incentivados a incluir todo o globo na hipótese precedente.

Para acreditar nesses grandes mares de rocha derretida, o que não é uma camada concêntrica assim constituída, tem-se contestado dizendo que se a sua fluidez fosse toleravelmente perfeita (o que há boas razões para pensar ser o caso, a partir do que vemos entra a junção das rochas plutônicas com as formações metamórficas) a lava deveria ser encontrada em alturas quase iguais, dentro de orifícios vulcânicos vizinhos. A isso posso responder, se me for permitido assumir que as áreas subsidentes e soerguidas repousam sobre uma superfície fluida, aonde qualquer que seja a força que faz um subir e outro afundar, age com força desigual (grandemente modificada, também, por uma resistência desigual).

A principal força do terremoto de 20 de fevereiro de 1835, passou sobre Valdivia, mas afetou os distritos ao norte e ao sul. E parece que esta cidade, até novembro de 1837, havia sido menos afetada pelos inúmeros tremores que devastaram o Chile do que qualquer outra. Contudo os abismos subterrâneos diretamente abaixo dele estão em conexão (como mostrado pela ação do vulcão Villarica em 1822) com o distrito ao norte, que foi tantas vezes convulsionado. E em novembro de 1837, ao mesmo tempo em que uma ilha no extremo sul se levantava oito pés, foi sacudida por um terremoto tão violento que escapou a ruína total apenas as casas que foram construídas de madeira. A menor perturbação comparativamente em Valdivia em 20 de fevereiro, não pode ser atribuída à atividade do vulcão Villarica, pois vimos que este vulcão permaneceu quieto. Também não há razão para que tal efeito seja atribuído à sua atividade, já que as erupções de Osorno e Minchinmadom não salvaram as partes setentrionais de Chiloé, embora ocupem a mesma situação relativa a elas, da mesma forma que Valdivia em relação ao Villarica. Podemos dizer então que Valdivia escapou de tantas perturbações subterrâneas, algumas das quais afetaram simultaneamente regiões ao norte e ao sul dela, unicamente por conta da maior resistência da crosta nessa parte? Isso me parece uma causa bastante inadequada. E a suposição direta é melhor que, como no mesmo período uma parte do continente foi elevada mais do que outra, então a lava foi impulsionada pela ação dessa força mais poderosamente em alguns lugares através dos orifícios vulcânicos que o atingem.

O secular encurtamento da crosta terrestre tem sido considerado por muitos geólogos uma causa suficiente para explicar a força motriz primária desses tremores subterrâneos. Mas eu não consigo entender como esse encurtamento pode explicar a lenta elevação, não só de espaços lineares, mas de grandes continentes. Sob o mesmo ponto de vista, algumas especulações altamente importantes foram avançadas recentemente, tais como: mudanças de pressão na massa fluida interna, a partir da deposição de novas camadas sedimentares, e até mesmo a atração de corpos planetários sobre uma esfera não sólida. Mas podemos ver que deve haver muitos agentes, modificando todas essas forças primárias. E a mais ampla generalização, que a consideração dos fenômenos vulcânicos descritos neste trabalho parece conduzir, é que a configuração da superfície fluida do núcleo da Terra está sujeita a alguma mudança: sua causa é completamente desconhecida, sua ação lenta, Intermitente, mas inevitável.

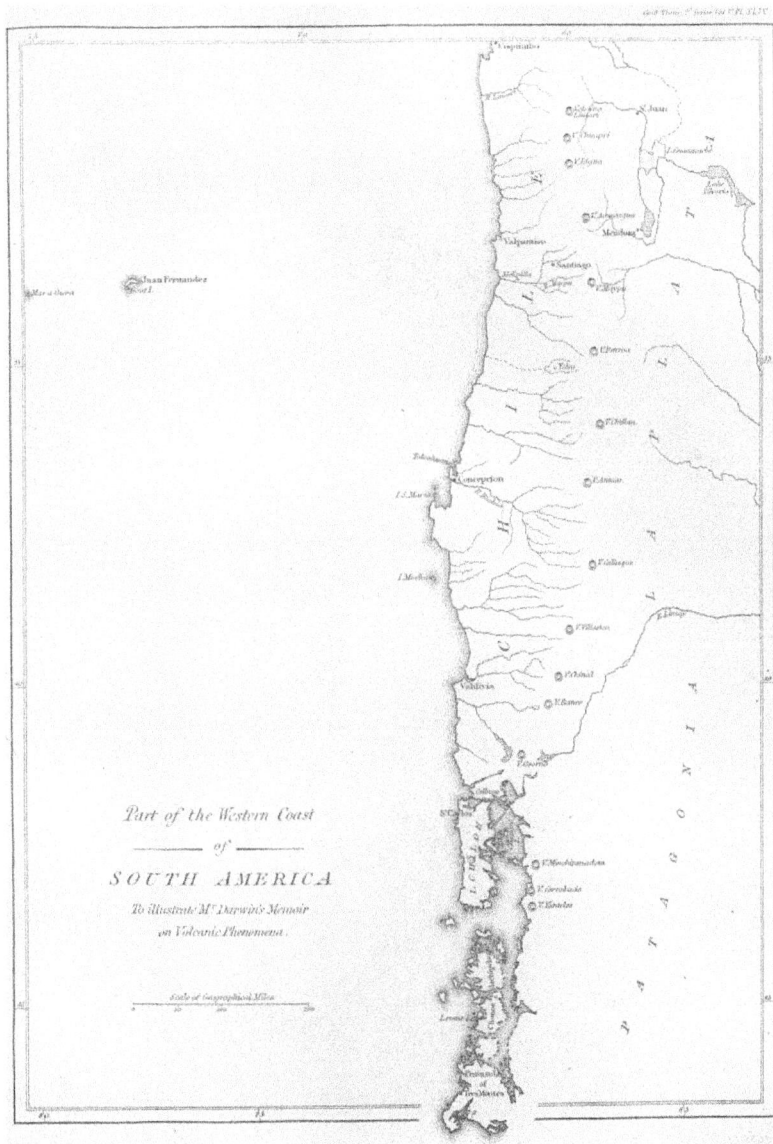

Parte da costa ocidental da América do Sul

Para ilustrar o Memoir do Sr. Charles Darwin sobre os Fenômenos Vulcânicos.

Escala em milhas geográficas

www.ingramcontent.com/pod-product-compliance
Lightning Source LLC
Chambersburg PA
CBHW022053190326
41520CB00008B/782